四季告诉你的科学

动物如何过冬

[韩] 韩永植 著 | [韩] 南盛勋 绘 | 锐拓 译

长春出版社

国家一级出版社

全国百佳图书出版单位

图书在版编目（CIP）数据

四季告诉你的科学．动物如何过冬／（韩）韩永植著；
（韩）南盛勋绘；锐拓译．—— 长春：长春出版社，
2021.12
ISBN 978-7-5445-6553-0

Ⅰ．①四… Ⅱ．①韩…②南…③锐… Ⅲ．①自然科
学－儿童读物②动物－儿童读物 Ⅳ．① N49 ② Q95-49

中国版本图书馆 CIP 数据核字 (2021) 第 241571 号

〈동물들은 어떻게 겨울나기를 하나요 ?〉 Text © 한영식 ,2014 Illustration © 남성훈 , 2014
All rights reserved.
The simplified Chinese translation is published by CHANGCHUN PUBLISHING & MEDIA GROUP CO.
LTD in 2021, by arrangement with Daseossure Publishing Co. through Rightol Media in Chengdu.
(本书中文简体版权经由锐拓传媒旗下小锐取得 copyright@rightol.com)

吉图字 07-2021-0193 号

四季告诉你的科学·动物如何过冬

出 版 人：郑晓辉
著　 者：[韩] 韩永植
绘　 者：[韩] 南盛勋
译　 者：锐　拓
责任编辑：李玺楠
封面设计：赵　双

出版发行：长春出版社　　　　 总编室电话：0431-88563443
　　　　　　　　　　　　　　 发行部电话：0431-88561180

地　　址：吉林省长春市长春大街 309 号
邮　　编：130041
网　　址：www.cccbs.net
制　　版：若正文化
印　　刷：长春天行健印刷有限公司

开　　本：16 开
字　　数：10 千字
印　　张：2
版　　次：2021 年 12 月第 1 版
印　　次：2022 年 1 月第 1 次印刷
定　　价：20.00 元

韩永植

"地球上丰富多彩的昆虫每时每刻都在吸引着我，所以我一直致力于创作与自然环境有关的各类文字。"

韩永植老师担任昆虫生态教育研究所所长，一直投身于森林解说员协会、环境市民团体、学校、图书馆的神秘生物宣传教育活动。

著有《春夏秋冬昆虫图鉴》《昆虫学习图鉴》《和我们一起生活的昆虫的故事》《和我们一起生活的植物的故事》《和我们一起生活的动物的故事》《我们土地上的生物音乐会》等30部作品。

南盛勋

南盛勋老师毕业于韩国弘益大学绘画系。

2005年获得首尔插画奖、2007年获得韩国安徒生特别奖，并多次在国立生物资源馆主办的"野生动植物工笔画公开征集展"上获奖。

目前，他在韩国儿童美术教育的专门机构"带轮子的图画书"中作为讲师，为儿童作家提供指导，致力于创作独具特色的绘本。

主要作品有：《来我们村玩吧！》《斑点海豹，明年也一定要见面哦！》《和我的伙伴肩并肩》《玉米爷爷》等。

晚秋时节，咻咻的风卷着落叶，纷纷起舞。
蹦蹦跳跳的野兔正忙着找朋友。
它环顾四周，却怎么也找不到自己的朋友。
野兔非常好奇松鼠和熊去哪里了。

终于，野兔找到了松鼠。

野兔高兴地大声唤着松鼠，但松鼠太忙了，没有回应野兔。

"啪嗒嗒"！原来松鼠正忙着捡走掉下来的橡子呢。

它的脸颊鼓鼓的，嘴里装得满满当当的。

为了过冬，松鼠储藏了很多橡子。

松鼠也会把落叶收在一起，
拿来当冬天的被褥，以此取暖。

这时，从远处走来一只胖得都快认不出来的熊，它的嘴里不停地嚼着什么东西。
熊冬眠前，体内要储存很多营养，只有这样它才能平安地度过寒冬。

"嗖嗖"！一阵寒风吹来，不知何时竟下起了雪。
野兔独自在雪地上散步。
朋友们好像都冬眠了。
突然传来一阵沙啦啦的声音，
只见松鼠跑了出来。

松鼠睡觉时的样子和人差不多，
冷的时候会把尾巴卷起来当作被子
搭在身上。
它也会把落叶铺得像一床褥子，
在上面伸展开身体睡觉。

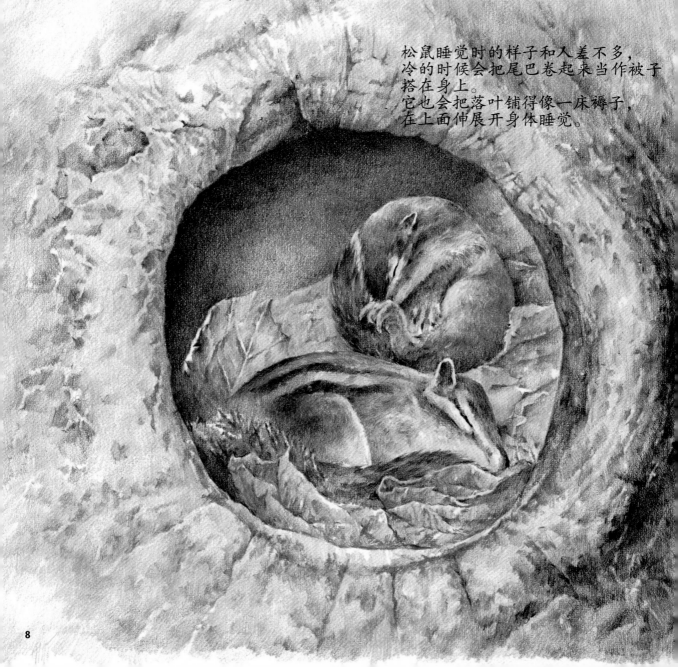

松鼠的记性不太好，
有时会找不到之前储藏起来的橡子。
不过，它在很多地方都藏有橡子，
这样它无论去哪里都能找到食物了。

松鼠一旦找到了储藏起来的橡子，
会立刻吃掉，然后再去冬眠。
松鼠在冬眠时如果饿了，
随时都会从睡梦中醒来，
寻找储藏起来的食物，然后再去睡觉。

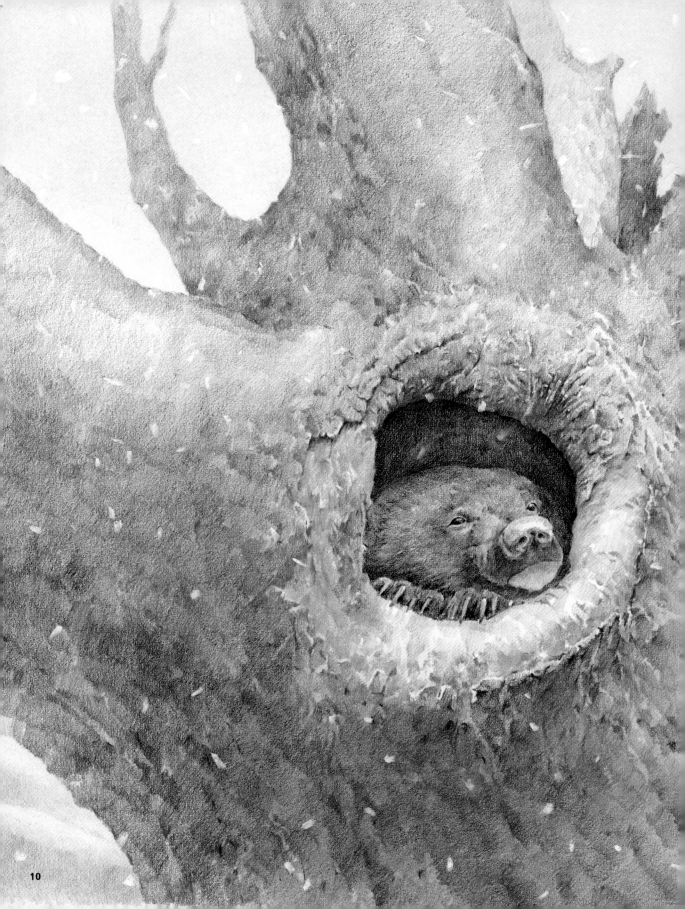

即使是下雪的冬日，天气只要像春天一样温暖，
黑熊也会短暂地醒来一会儿。
它误以为春天来了。
它会忍不住打盹儿，不停地打哈欠。
直到发现依旧是冬天，它才会再次沉睡过去。
就这样，黑熊满怀着对春天的期待，再次冬眠了。

不管怎么找都找不到的朋友们，你们在哪里呢？

蛇正在岩石缝隙的地洞里冬眠。

藏在水边泥沙里的是鳖。

石头的缝隙处，乌龟正把头埋进龟壳里睡着觉。

为了保持外皮的湿润，青蛙都在挨着水的潮湿泥土里冬眠。

它们不吃不动，依旧可以度过寒冬。

乌龟

青蛙

蛇

鳖

另外，还有一些动物朋友像野兔一样，不用冬眠。
它们大都毛茸茸的，不怕冷。
比如，狐狸、狼、野猪、梅花鹿、獐、喜鹊、山鸡这些动物。
它们会四处游荡，在草丛或洞穴中觅食。

梅花鹿

野猪

狼

但是，如果冬天过于寒冷，
也会有一些动物无法度过寒冬。
有了这些在寒冷的冬天也不冬眠的朋友，
野兔再也不孤单了。

山鸡

獐

狐狸

喜鹊

斑衣蜡蝉卵

黄刺蛾茧

螳螂卵

在寒冬，昆虫朋友们在干什么呢？
野兔开始寻找昆虫的踪迹。
昆虫通过各种形态全都藏了起来。
不同种类的昆虫会选择不同的虫态来过冬，
比如，螳螂和斑衣蜡蝉用卵，天牛和墨绿彩丽金
龟用幼虫，黄刺蛾和袋蛾则用茧来过冬。
其他成虫们全都躲进了温暖的地方。
比如，锹形虫躲在树里，瓢虫则躲在落叶下。

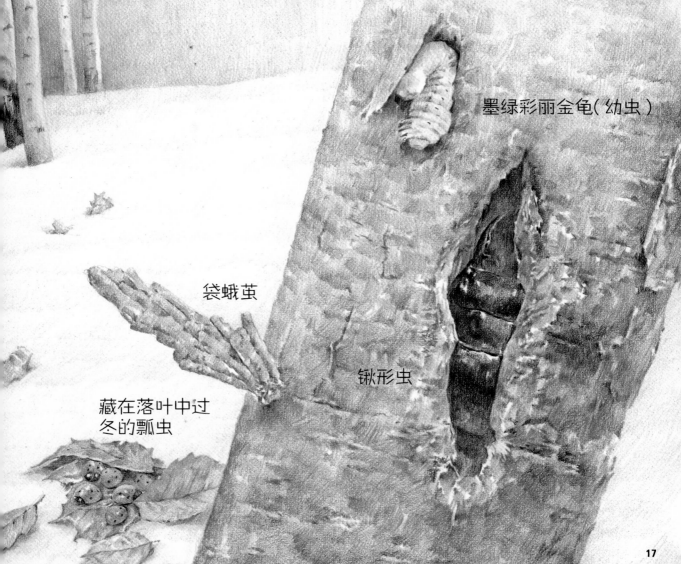

墨绿彩丽金龟（幼虫）

袋蛾茧

锹形虫

藏在落叶中过
冬的瓢虫

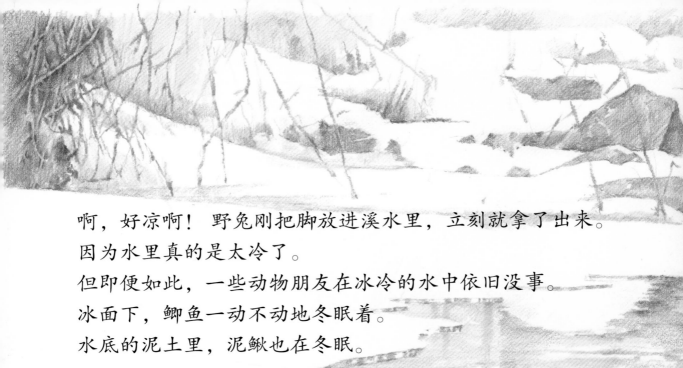

啊，好凉啊！野兔刚把脚放进溪水里，立刻就拿了出来。
因为水里真的是太冷了。
但即便如此，一些动物朋友在冰冷的水中依旧没事。
冰面下，鲫鱼一动不动地冬眠着。
水底的泥土里，泥鳅也在冬眠。

宽鳍鱲

鲫鱼

池沼公鱼

泥鳅

然而，在寒冬，有一些鱼也和野兔一样不冬眠。

无论多么寒冷，池沼公鱼和宽鳍鱲也不会冬眠。

它们完全可以适应在冷水中生活。

"扑啦啦"!候鸟成群地在空中飞翔。

鸟儿即使在寒冬也不会受什么影响，
因为它们身上的羽毛可以保暖。

冬天，生活在北方的野鸭、大雁、天鹅、白枕鹤等候鸟会飞到南方。

因为相较于北方极度寒冷的天气，南方的冬天相对温暖。

等到冬天过去，春天来临时，候鸟们就会离开南方，再次飞向北方。

大雁

天鹅

白枕鹤

野鸭

不知不觉寒冬过去了，阳光明媚的春天到来了。

屋顶上的雪渐渐融化，山野中长出了绿油油的嫩芽。

盛开的金达莱、迎春花传递着春天的消息。

动物们打着哈欠，伸着懒腰，

呱呱叫的青蛙，吱吱叫的松鼠，蠕动的幼虫和其他冬眠的动物们都醒了，它们带着幸福的微笑迎接温暖的春天。

在寒冷的冬日，
我们可以做哪些事情来帮助动物过冬呢？

给动物喂食
在冬季，野生动物食物不足，我们可以跟着它们的脚印去喂食。特别是在下暴雪时，有些野生动物会因为很难找到食物而面临危险。
所以需要给它们喂食，帮助它们度过寒冬。

管制偷猎者
冬季，野生动物很容易被发现，所以偷猎者非常猖獗。
加强对偷猎者的管制是保护野生动物的一种好办法。
特别是对极有可能灭绝的珍稀野生动物，应优先进行保护。

保护动物是人类和谐发展的必由之路
动物与人类共同生活在一个地球上，保护动物非常重要。
因为保护动物可以很好地保护生态系统，只有生态系统稳定，处于其中的成员们才可以和谐地生活下去。

四季告诉你的科学

"四季告诉你的科学"系列是专门为3～10岁儿童准备的绘本
让我们跟随春夏秋冬四季的自然变化，一起去探索大自然的神秘，
体会生命的价值吧！

枫叶变红的奥秘

为什么凉爽的秋天一到，绿油油的枫叶会被染成美
丽的红色？
这火红火红的枫叶背后究竟隐藏着怎样的自然科
学？
韩国学富五车编辑室 著 | [韩]郑有晶 绘 | 锐拓 译

植物如何过冬

寒风凛冽的冬天，大树一动不动地站着。虽然叶子
都早早地离开了，但它看起来好像也不冷。
是什么把大树裹得严严实实的不让它挨冻呢？
它穿了什么样的毛衣来温暖过冬呢？
[韩] 韩永植 著 / [韩] 南盛勋 绘 | 锐拓 译

小种子长大啦

通过芸豆的生长让我们来探究植物的一生。
一粒小种子是如何长成一株大大的植物的呢？
种子的成长，泥土、水、阳光必不可少。
一起去看看种子是如何破土发芽，开花结果的吧。
[韩] 韩永植 著 / [韩] 南盛勋 绘 | 锐拓 译

夏季的菜园

夏天的菜园里到处都是可口的蔬菜。
有叶菜类、茎菜类、根菜类，多种多样。
让我们一起看看蔬菜是如何生长的吧！
[韩] 朴美林 著 | [韩] 文钟仁 绘 | 锐拓 译

春季野菜的那些事

即使冬天的积雪还没有融化，野菜也早已知道春天就
要来了。
哪怕在冰冻的土地中，它们也依旧会露出嫩叶、长出
茎干。
让我们认识一下不畏寒冬的春季野菜吧！
[韩] 朴美林 著 | [韩] 文钟仁 绘 | 锐拓 译

蜻蜓的秋季旅行

每一只蜻蜓都是优秀的飞行员。
秋天到了，天气渐渐凉爽，
蜻蜓们开始好奇外面的世界了。
忙碌的松鼠，采蜜的蜜蜂，捕猎的蜘蛛，演奏的草
螽……一段奇妙的秋季旅行就此开始。
[韩] 韩永植 著 | [韩] 多呼 绘 | 锐拓 译

让我们为

可爱的动物涂上颜色吧!

喜鹊

宽鳍鱲

野兔

乌龟